사이언스 리더스

세계의 고층 건물

비룡소

리비 로메로 지음 | 기자와 교사로 일하다가 작가가 되었다. 《내셔널지오그래픽》 매거진과 스미소니언 협회 매거진에 글을 실었으며, 내셔널지오그래픽 키즈의 「사이언스 리더스」 시리즈에서 『세계의 고층 건물』, 『바이킹』 등 여러 편을 썼다.

조은영 옮김 | 어려운 과학책은 쉽게, 쉬운 과학책은 재미있게 옮기려는 과학도서 전문 번역가이다. 서울대학교 생물학과를 졸업하고, 같은 대학교 천연물대학원과 미국 조지아대학교에서 석사 학위를 받았다.

이 책은 세계초고층도시건축학회 회장 앤터니 우드 박사와 데이터베이스 편집자 마셜 제로메타, 메릴랜드 대학교의 독서교육학 명예 교수 마리엄 장 드레어가 감수하였습니다.

내셔널지오그래픽 키즈 사이언스 리더스
LEVEL 3 세계의 고층 건물

1판 1쇄 찍음 2025년 1월 20일 **1판 1쇄 펴냄** 2025년 2월 20일
지은이 리비 로메로 **옮긴이** 조은영 **펴낸이** 박상희 **편집장** 전지선 **편집** 최유진 **디자인** 천지연
펴낸곳 (주) 비룡소 **출판등록** 1994.3.17.(제16-849호) **주소** 06027 서울시 강남구 도산대로1길 62 강남출판문화센터 4층
전화 02)515-2000 **팩스** 02)515-2007 **홈페이지** www.bir.co.kr **제품명** 어린이용 반양장 도서 **제조자명** (주) 비룡소
제조국명 대한민국 **사용연령** 3세 이상 **ISBN 978-89-491-6928-6 74400 / ISBN 978-89-491-6900-2 74400 (세트)**

NATIONAL GEOGRAPHIC KIDS READERS LEVEL 3
SKYSCRAPERS by Libby Romero

이 책의 차례

높이의 역사

사람들은 아주 오래전부터 높은 건물에 관심이 많았어. 고대 이집트인들은 왕인 파라오를 위해 거대한 피라미드를 지었어. 시간이 흐른 후 사람들은 **모르타르**와 돌로 높은 탑을 쌓고, 거대한 대성당을 지어 올렸지.

이집트 기자의 대피라미드는 처음 지었을 때 높이가 147미터나 되었어.

독일의 울름 대성당 (약 161.5미터)은 세계에서 가장 높은 교회 건물이야.

그러다 1880년대에 두 가지 새로운 발명으로 건물의 역사가 바뀌었어. 첫 번째는 철강으로 건물의 **뼈대**를 세우게 된 일이야. 철강은 철과 강철을 말해. 두 번째는 사람이 타기에 안전한 엘리베이터의 발명이지. 덕분에 사람들은 건물을 더 크고 높게, 그리고 튼튼하게 지을 수 있게 되었어. 이렇게 **마천루**가 탄생했단다.

고층 건물 용어 풀이

모르타르: 시멘트와 모래를 섞어 물로 반죽한 것.

뼈대: 사람의 몸이나 건물 등의 구조를 지지하는 전체적인 틀.

마천루: 아주 높은 고층 건물.

미국 뉴욕의 엠파이어 스테이트 빌딩(381미터)

세계의 유명한 고층 건물들

하늘을 향해 높이 솟은 건물을 '마천루'라고 부르기 시작한 건 1885년부터였어. 세계 최초의 마천루인 미국 일리노이주 시카고의 홈 인슈어런스 빌딩(42미터)이 그 시작이었지. 이 건물은 철강으로 뼈대를 세운 10층짜리 건물이었어. 지금까지도 많은 마천루가 철강으로 지어져.

어떤 건물을 마천루라고 부를지는 주위 다른 건물과 높이를 비교해서 결정하고는 했어. 높이가 낮더라도 주변 건물들보다 우뚝 솟아 있으면 마천루라고 불렀지. 최근에는 높이가 200미터를 넘거나, 층수가 50층 이상인 건물을 마천루라고 해.

세계에서 가장 낮은 마천루는?

미국 텍사스주에 있는 뉴비-맥마흔 빌딩은 높이가 12미터밖에 되지 않아. 이렇게 작은 건물이 어떻게 마천루라 불리게 되었냐고? 1919년, J. D. 맥마흔이라는 사람이 고층 건물을 세운다며 사람들을 모았어. 그때 건물 높이의 단위를 확실하게 말하지 않고 480으로만 표시했지. 사람들은 건물의 높이가 당연히 480피트(약 146미터)라고 생각했어. 그런데 사실 480인치(약 12미터)였지 뭐야. 사람들이 그 사실을 깨달았을 때는 이미 마천루로 부르기로 한 뒤였지.

이 엉뚱한 마천루의 사연이 신문에 소개되면서 뉴비-맥마흔 빌딩은 관광 명소가 되었어.

시간이 지나면서 여기저기 고층 건물이 세워졌어. 그중에서 다양한 이유로 유명해진 건물들이 있어. 2024년 기준 세계에서 가장 높은 건물은 아랍에미리트 두바이의 부르즈 할리파야. 총 163층인 데다 높이가 무려 828미터나 되지.

지어진 지 10여 년이 넘은 지금까지도 세계에서 가장 높은 건물인 부르즈 할리파는 우리나라 기업이 지었어.

생김새 때문에 유명해진 고층 건물도 있어. 중국 상하이의 세계 금융 센터(492미터)는 꼭대기에 사다리꼴 모양의 구멍이 뚫려 있어. 그 모습을 보고 사람들은 병따개 건물이라는 별명을 붙여 주었지. 아랍에미리트 두바이의 부르즈 알 아랍(안테나 포함 321미터)은 거대한 배의 돛 모양으로 유명해.

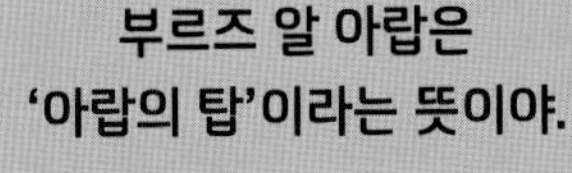

중국 상하이에는 세계 금융 센터를 비롯한 유명한 고층 건물이 모여 있어.

고층 건물이 모여서 이루는 **스카이라인** 때문에 유명해진 도시도 있어. 대표적인 곳이 홍콩이야. 세계에서 고층 건물이 가장 많이 세워진 도시 중 하나이거든. 그 밖에 미국의 뉴욕, 중국의 상하이, 아랍에미리트의 두바이, 오스트레일리아의 시드니가 멋진 스카이라인을 볼 수 있는 도시로 손꼽혀.

고층 건물 용어 풀이

스카이라인: 건물이나 산의 꼭대기와 하늘이 맞닿아 이루는 선.

홍콩의 스카이라인

깜짝 과학 발견
알랭 로베르는 '프랑스의 스파이더맨'
이라고 알려진 암벽 등반가야.
지금까지 부르즈 할리파를
포함해서 170곳이 넘는 건물을
장비 없이 맨손으로 등반했지.
미끄러지는 걸 막으려고 손에
분필 가루를 바른대.

사람들은 왜 고층 건물을 지을까?

하늘 높이 솟아오른 거대한 건물들을 보면서 이런 궁금증이 들 수 있을 거야. "왜 사람들은 저렇게 높은 건물을 짓는 걸까?" 이 질문에 대한 답은 돈과 공간, 그리고 **기술**과 관련이 있어. 적어도 처음 고층 건물을 지을 때 가장 중요한 이유였지.

고층 건물이 세워지기 전,
미국 뉴욕 맨해튼의 풍경이야.

1800년대 초, 뉴욕은 미국 **금융**의 중심지였어.
하지만 1835년에 큰 화재가 일어나면서 맨해튼의
건물 700여 채가 불에 타서 무너지고 말았어.
사람들은 모든 걸 처음부터 다시 지어야 했지.

고층 건물 용어 풀이

기술: 과학 지식을 이용하여 우리 생활에 필요한 제품을 만드는 방법.

금융: 개인, 회사, 국가 등이 서로 빌리거나 빌려주면서 돈이 오고 가는 것.

그런데 맨해튼은 땅값이 아주 비쌌어. 점점 더 많은 사람이 도시로 몰려들면서 건물을 지을 자리도 부족했지. 그래서 사람들은 건물을 위로 높이 올리기 시작했어.

안전한 승객용 엘리베이터가 설치된 최초의 건물

건물에 기계식 엘리베이터를 설치한 건 1830년대부터였어. 하지만 사람이 타기에는 안전하지 않았지. 무거운 엘리베이터를 버티는 케이블이 끊어지기라도 하면 큰일이었거든. 그러던 1853년, 미국의 발명가 엘리샤 그레이브스 오티스가 마침내 케이블이 끊어져도 엘리베이터가 땅으로 떨어지지 않게 막는 자동 안전장치를 발명했어. 이 기술은 1857년 뉴욕의 E. V. 하우위트 빌딩(24미터) 엘리베이터에 최초로 쓰였지. 그리고 13년 뒤인 1870년, 뉴욕의 에퀴터블 라이프 빌딩(43미터)에 오티스의 엘리베이터를 설치했어. 이 건물은 안전한 승객용 엘리베이터가 있는 최초의 사무용 건물이 되었어.

오티스가 자기가 개발한 엘리베이터의 안전장치를 설명하고 있어.

하지만 이때에는 아직 고층 건물을 세울 만한 기술이 부족했어. 모르타르와 벽돌로 지을 수 있는 건물의 높이와 무게에 한계가 있었지. 게다가 안전한 엘리베이터가 만들어지기 전이니, 높을수록 많은 계단을 오르느라 힘들었겠지? 이런 이유로 1850년대에는 뉴욕의 새 건물 중 가장 높은 게 고작 5층짜리였어.

대화재 이후, 뉴욕은 1864년이 되어서야 금융가 대부분을 회복할 수 있었어.

한편, 미국 일리노이주의 시카고도 빠르게 성장하고 있었어. 1833년에 약 200명이었던 인구가 1870년에는 무려 30만 명으로 늘었지.
많은 사람이 일자리를 찾아 시카고로 모여들었어.
시카고는 미국의 서부와 동부를 잇는 도시야. 무역과 사업을 하려면 꼭 지나쳐야 하는 곳이기 때문에 미국 철도의 중심지가 되었지.

그런데 1871년에 큰불이 시카고를 휩쓸었어. 건물이 1만 8000개 이상 불에 타 버린 대화재였어.

당시엔 대부분 나무로 건물을 지었기 때문에 화재가 커졌고, 도시의 3분의 1이 순식간에 타 버렸어.

강철을 제작하는 신기술

헨리 베서머는 영국의 뛰어난 발명가야. 그중에서도 1856년에 강철을 만드는 새로운 방법을 생각해 낸 걸로 유명해. 베서머의 발명 덕분에 이전에는 하루를 꼬박 만들어야 했던 양의 강철을 단 10분 만에 생산할 수 있게 되었어. 비용도 이전보다 훨씬 값싸게 말이야!

대화재 후에 시카고도 모든 건물을 다시 지어야 했어. 뉴욕 대화재 때와 다른 점이 있다면 안전한 엘리베이터를 설치하고 철강으로 건물을 지을 수 있다는 거였지. 다시 말해 시카고는 세계에서 첫 번째로 고층 건물을 올릴 준비가 된 거야!

더 안전하게, 더 튼튼하게!

하지만 고층 건물은 철강과 엘리베이터만 있다고 뚝딱 지을 수 있는 게 아니야. 건물을 높게 지으려면 우선, 밑바닥이 건물 전체 무게를 잘 버틸 수 있게 **설계**해야 해. 그렇지 않으면 건물이 쉽게 무너질 수 있거든.

고층 건물 용어 풀이

설계: 건물을 짓기 위해 계획을 세우고, 도면으로 만들어 보여 주는 일.

뉴욕의 울워스 빌딩 (241.4미터)은 꼭대기보다 훨씬 넓은 바닥이 건물 전체의 무게를 안전하게 받쳐 줘.

고대 이집트인들은 드넓은 사막 한복판에 위로 갈수록 뾰족해지는 사각뿔 모양의 거대한 피라미드를 세웠어. 넓은 바닥이 피라미드의 전체 무게를 충분히 받쳐 주거든. 하지만 도시 건물을 이 모양으로 짓기는 어려워. 도시에는 그렇게 넓은 공간이 없는 데다 땅값도 비싸니까.

이집트 기자의 대피라미드는 4500년 전에 지어졌어.

1932년 알시에이(RCA) 빌딩(약 259미터)을 짓던 일꾼들이 철재 보 위에 앉아 점심을 먹고 있어. 알시에이 빌딩은 지금의 지이(GE) 빌딩으로, 뉴욕 록펠러 센터 중심에 있어.

사람들은 피라미드 바닥보다 좁은 공간에서 건물을 높게 지을 방법이 필요했어. 그러려면 강철로 된 **보**를 써야 했지. 하지만 강철 보는 너무 커서 옮길 **중장비**와 보관할 장소가 필요했어. 일일이 멀리서 실어 와야 하니 돈도 많이 들었지.

그래서 사람들이 생각한 게 바로 콘크리트야.

건물의 벽과 바닥은 주로 콘크리트로 만들어. 콘크리트는 단단하고 불에 타지 않아. 또 소음을 막아 주기도 해.

고층 건물 용어 풀이

보: 건물의 천장이나 바닥을 가로로 튼튼하게 받쳐 주는 뼈대.

중장비: 도로, 철도, 건물 등을 지을 때 쓰는 커다란 기계.

콘크리트는 시멘트에 모래와 자갈, 물을 섞어 만든 건축 재료야. 강철보다 싸고, 그 자리에서 바로 만들어 쓸 수 있지. 콘크리트는 굳히면 아주 단단해지지만 힘을 많이 받으면 깨져 버려. 그래서 사람들은 이 문제를 해결하려고 콘크리트 안에 강철의 한 종류인 철근을 넣기 시작했어.

최초의 철근 콘크리트 고층 건물

세계 최초로 철근 콘크리트를 사용한 고층 건물은 미국 오하이오주 신시내티의 16층짜리 잉걸스 빌딩(64미터)이야. 그때껏 가장 높은 철근 콘크리트 건물은 6층밖에 되지 않아서 걱정하는 사람들이 많았어. 그래서 지어도 된다는 허가를 받기까지 2년이나 걸렸지. 하지만 1903년에 완성된 잉걸스 빌딩은 지금까지도 튼튼하단다!

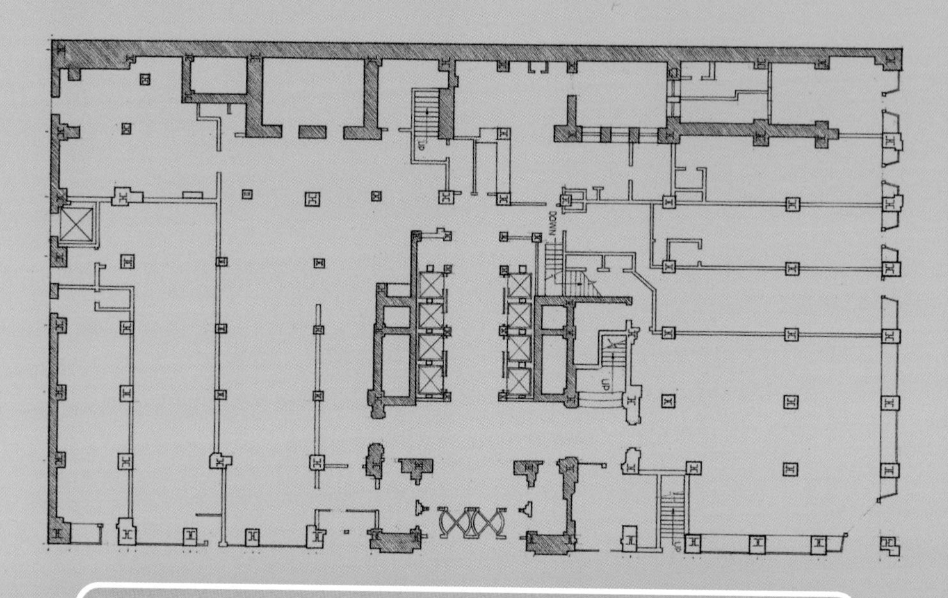

1894년에 지어진 시카고 증권 거래소 건물(57미터)의 평면도야. 철근 콘크리트가 사용되기 전에 지은 다른 고층 건물처럼 방이 아주 작아.

새로운 건축 재료로 건물을 더 높게 지을 수 있게 된 것만은 아니었어. 건물 안쪽에도 많은 변화를 주었지. 강철이나 철근 콘크리트로 만든 뼈대는 건물 전체를 충분히 받쳐 주기 때문에 **외벽**을 두껍게 만들 필요가 없었어. 그래서 외벽을 얇게 지었고, 건물 안에 공간이 더 생겨서 방을 크게 만들 수 있었지.

얇아진 외벽은 빛이 건물 안으로 잘 들어오게 해 주었어. 오래전에 지은 건물은 보통 실내가 아주 어두워. 하지만 외벽의 두께가 얇아지면서 창문을 설치하기 쉬워졌어. 건물 외벽을 유리 등으로 둘러싸는 **커튼월** 방식의 건축도 할 수 있게 되었지.

고층 건물 용어 풀이

평면도: 위에서 내려다본 건물의 모습을 그려 창이나 방 위치를 나타낸 그림.

외벽: 건물의 바깥쪽을 둘러싸고 있는 벽.

커튼월: 유리나 가벼운 재료로 만든 건물 외벽의 형태.

벨기에 브뤼셀의 커튼월 건물

7가지 고층 건물에 대한 멋진 사실

1

미국 뉴욕의 엠파이어 스테이트 빌딩은 무려 41년 동안이나 세계에서 가장 높은 건물이었어. 1972년에 세계 무역 센터(417미터)가 지어질 때까지 말이야! 이렇게 오랜 시간 1위를 지킨 건물은 없었어.

2

현재 한국에서 가장 높은 고층 건물은 롯데월드타워(약 554.5미터)야. 123층짜리 건물로, 세계에서 여섯 번째로 높지. 롯데월드타워를 지을 때 쓴 중장비인 타워 크레인을 해체하는 데만 무려 115일이 걸렸대.

3

중국 창사에 있는 30층짜리 티30(T30) 호텔(약 100미터)은 단 15일 만에 지어졌어. 건축 현장에서 한 번에 조립할 수 있게 모든 부품을 미리 만들어 두었거든.

2005년에 두바이의 고층 건물 부르즈 알 아랍의 헬기 착륙장에서 테니스 경기가 열렸어. 세계적인 두 테니스 선수인 안드레 애거시와 로저 페더러의 친선 경기였지. 두 선수는 무려 210미터 높이에서 경기를 이어 갔어.

중국 광저우의 시티에프(CTF) 금융 센터(530미터) 엘리베이터는 세계에서 가장 빠른 속도로 움직여. 시속 75.6킬로미터로 1층에서 95층까지 가는 데 42초밖에 걸리지 않는대!

안전한 엘리베이터가 발명되기 전에 사람들은 낮은 층에 살고 싶어 했어. 하지만 엘리베이터가 설치된 후로는 꼭대기 층의 집값이 비싸졌지. 높을수록 경치가 좋으니까.

1974년 8월 7일, 프랑스의 곡예사 필리프 프티는 뉴욕 세계 무역 센터의 쌍둥이 빌딩 사이에 강철 케이블을 연결하고 그 위에서 아슬아슬한 줄타기를 했어. 약 411미터 높이에서 무려 45분 동안 줄 위를 오갔지!

자연과 고층 건물

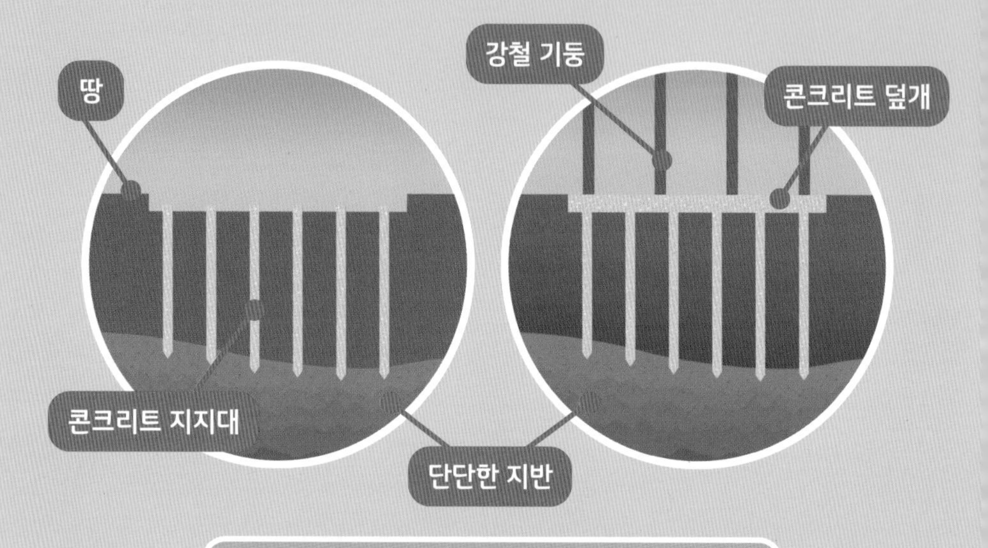

1단계: 고층 건물을 지을 때는 바닥이 튼튼해야 해.

고층 건물을 지을 때는 주변 자연환경을 잘 알고 있어야 해. 가장 먼저 생각해야 하는 건 땅이야. 높은 건물이 잘 서 있으려면 튼튼한 바닥이 필요하겠지? 그래서 고층 건물을 지을 때 단단한 **지반**이 나올 때까지 땅에 구멍을 뚫어. 그 구멍에 콘크리트를 채워서 **지지대**로 만들지. 그리고 지지대 위에 콘크리트를 평평하게 부어서 콘크리트 덮개를 만들어.

Q 유리가 거짓말을 하지 않는 이유는?

속이 투명하게 다 보여서.

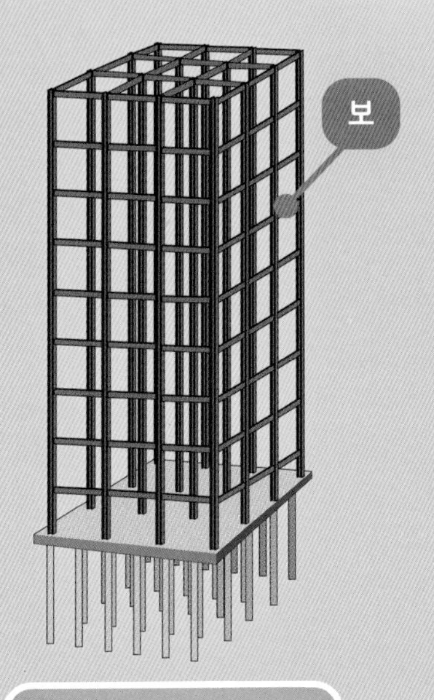

2단계: 기둥과 보로 건물의 뼈대를 올려.

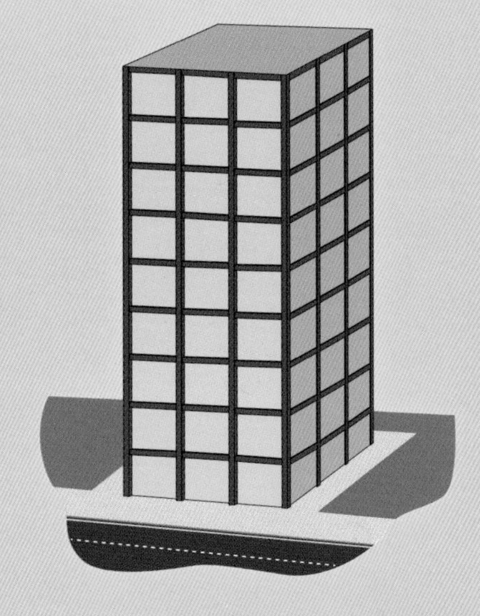

3단계: 유리, 돌, 콘크리트 등의 재료로 건물의 외벽을 만들어.

튼튼한 바닥이 마련되면 건물을 쌓아 올릴 준비가 끝났어. 콘크리트나 강철, 또는 철근 콘크리트로 건물의 뼈대를 만들면 돼. 세로로 기둥을 세우고, 기둥 사이에 가로로 보를 연결해서 층을 만드는 거야. 고층 건물은 이렇게 만들어진 단단한 바닥과 튼튼한 뼈대로 엄청난 무게를 버틸 수 있어.

고층 건물 용어 풀이

지반: 건물을 짓는 데 기초가 되는 땅.

지지대: 무거운 물건을 받쳐 주는 것.

고층 건물을 지을 때는 날씨에 따른 온도 변화도 생각해야 해. 온도는 금속에 영향을 줘. 날씨가 더울 때는 금속이 **팽창**하고 추울 때는 **수축**하지. 팽창과 수축이 반복되면 건물에 금이 가거나 모양이 바뀔 수 있어. 그래서 금속이 늘어나거나 줄어드는 걸 생각해서 움직일 수 있는 틈이나 공간을 두어야 해.

바람도 아주 중요해. 고층 건물은 튼튼하면서도 유연해야 해. 강하게 불어오는 바람의 힘을 고스란히 받으면 건물이 상할 수 있거든. 그래서 건물의 기둥 사이에 강철 보를 엑스(X) 자 모양으로 겹쳐서 놓아. 이 엑스 자 구조로 **탄성력**이 생겨서 건물이 바람을 버틸 수 있어.

고층 건물 용어 풀이

팽창: 부피나 상태가 부풀어 원래보다 커짐.

수축: 부피나 상태가 오그라들면서 줄어듦.

탄성력: 모양이 변한 물체가 원래 모양으로 되돌아가려는 힘.

깜짝 과학 발견

뉴욕의 엠파이어 스테이트 빌딩은 1931년에 지어졌어. 이 빌딩 꼭대기에는 거대한 피뢰침이 있어서 주변에 떨어지는 벼락을 대신 받아 주지. 매년 스물다섯 번씩이나 떨어진대!

고층 건물을 짓는 새로운 방식

1960년대에 공학자 파즐루 라흐만 칸은 고층 건물을 짓는 새로운 방식을 떠올렸어. 긴 막대 모양의 건물을 여러 개 세우고, 이 건물들을 연결해서 커다란 하나의 건물로 만드는 거야. 1974년에 지어진 시카고 윌리스 타워(옛 시어스 타워, 약 442 미터)는 9개의 막대 모양 건물로 이루어져 있어. 서로 단단히 연결되어 아주 높고 튼튼한 고층 건물이 됐지. 게다가 각각의 높이가 다르기 때문에 건물로 불어오는 바람을 갈라서 그 힘을 줄여 줘.

지진 역시 큰 문제야. 지진이 일어나면 땅이 흔들리면서 건물이 기울거나 금이 갈 수도 있어. 건축가는 이를 대비해 건물에 특별한 장치를 더하지.

지진이 일어나도 지켜 주는 든든한 쇠공

타이완에 있는 타이베이 101은 높이가 508미터나 되는 고층 건물이야. 이 건물의 87층과 92층 사이에는 거대한 공 모양의 강철 댐퍼가 있어. 지름은 5.5미터이고, 무게는 무려 660톤이나 나가. 댐퍼는 지진이 일어나거나 바람이 세게 불 때 높은 건물이 흔들리지 않게 중심을 잡아 주는 장치야.

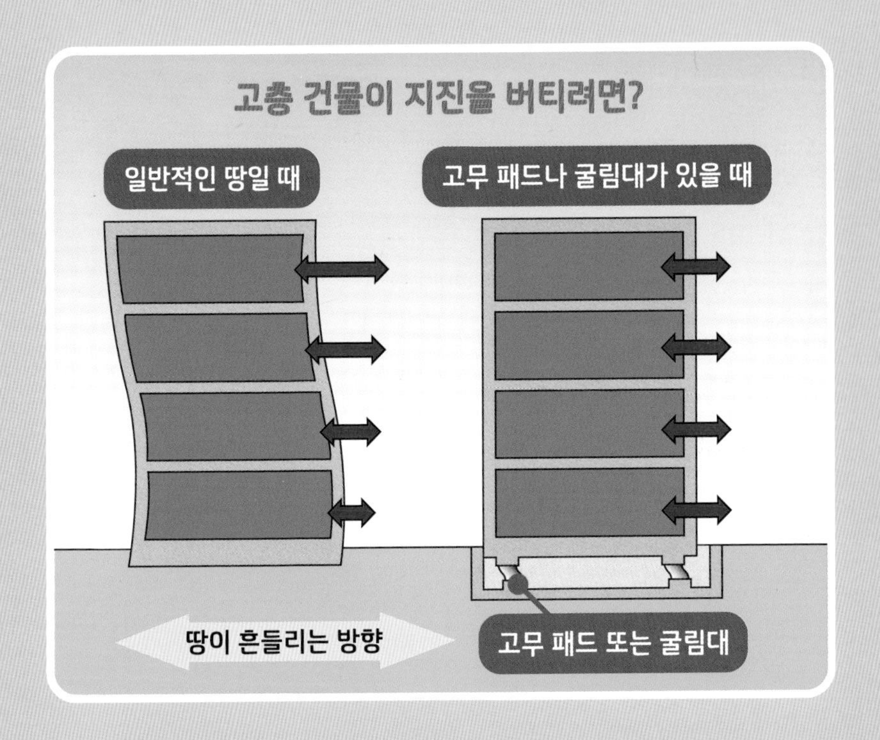

대표적인 장치로 댐퍼, 그리고 건물과 지반 사이에 설치하는 고무 패드와 굴림대가 있어. 이 장치들은 땅이 흔들릴 때 충격을 흡수하거나 줄여 주어 건물이 안전하게 서 있을 수 있도록 해. 굴림대는 둥근 쇠구슬이나 바퀴 같은 장치로 만들어. 땅이 흔들리면 굴림대가 대신 움직여서 건물의 흔들림을 줄여 주지.

친환경 건물을 짓자!

이탈리아 토리노의 그라타치엘로 인테사 산파올로(약 166.3미터)는 에너지를 절약하는 친환경 건물이야. 녹색 건물, 그린 건물이라고도 불러.

여러 사람이 오가는 넓고 큰 건물은 당연히 에너지를 많이 쓸 거야. 그래서 사람들은 2000년부터 에너지를 아낄 수 있는 건물을 짓기 시작했어. 또 이미 지어진 건물에서도 에너지를 아끼는 방법을 찾았지. 한 가지 간단한 방법은 전구를 바꾸는 거야. 요즘 개발된 전구는 옛날 전구보다 전기를 훨씬 덜 사용하거든.

에너지 절약 전구는 다른 전구보다 에너지를 70~90퍼센트나 더 적게 사용해.

에너지를 아끼는 또 다른 방법은 창문을 바꾸는 거야. 한때는 모든 고층 건물의 창문이 열리지 않았어. 하지만 이제는 많은 고층 건물의 창문을 여닫을 수 있지. 그러면 바깥 공기와 바람이 건물 안으로 들어와서 상쾌한 공기로 바꿔 주고, 건물 안을 시원하게 만들면서 에어컨 사용을 줄일 수 있어. 창문을 선글라스처럼 선팅하는 것도 방법이야. 햇빛과 열을 덜 들어오게 해서 건물 안이 시원해지고, 에너지를 절약할 수 있지.

캐나다 매니토바주 위니펙의 매니토바 하이드로 플레이스 (약 115미터)에서 실내의 더운 공기를 식히려고 창문을 열어 놓았어.

고층 건물은 물도 엄청 많이 써. 그래서 사람들은 물을 덜 사용하는 수도꼭지와 수도 시설을 개발했지. 타이베이 101은 수도 시설을 바꾼 뒤로 매년 2800만 리터의 물을 절약하고 있어.

타이베이 101은 수도 시설뿐 아니라 전기를 아껴 주는 시스템도 갖추었어.

미국 뉴욕의 허스트 타워(182미터)는 아주 기발한 방법으로 물과 에너지를 절약해. 이 건물 지붕은 빗물을 받을 수 있게 설계되었어. 비가 오는 날이면 지붕에 모인 빗물이 건물 안 에스컬레이터를 따라 로비의 폭포 장치로 흘러가. 이 폭포로 여름이면 내부의 온도가 낮아지고, 겨울에는 메마른 공기가 촉촉해진단다.

에스컬레이터 주위로 흐르는 물소리는 건물 안의 소음을 누그러뜨리고 오가는 사람들에게 볼거리를 선사해.

허스트 타워의 외벽은 철근을 아낄 수 있게 설계됐어. 그리고 강한 햇빛이 들어오는 걸 막기 위해 유리창을 특별하게 코팅했지.

에너지를 직접 만들어 활용하는 고층 건물도 있어. 중국 광저우의 펄 리버 타워(309.6미터)에는 커다란 **풍력 터빈**이 4개 있어. 바람이 불면 터빈이 돌면서 전기를 만들고, 건물에서 그 전기를 쓸 수 있도록 한 거야.

펄 리버 타워의 외벽은 이중 커튼월 구조로 되어 있어서 바깥 소음을 줄여 줘.

고층 건물 용어 풀이

풍력: 바람의 힘.

터빈: 물이나 공기, 증기 같은 자연의 힘을 받아서 돌아가며 전기를 만드는 기계.

Q 고층 건물이 바람에게 반했을 때 하는 말은?

A 너 때문에 내가 흔들려!

어떤 건물은 아예 자연과 함께하기도 해. 이탈리아 밀라노에는 보스코 베르티칼레라는 2개의 고층 건물(각각 약 116미터, 84미터)이 있어. 건물의 이름은 '수직의 숲'이라는 뜻이야. 각 층의 발코니에 크고 작은 나무들을 심어서 멀리서 보면 하나의 숲처럼 보이거든. 나무는 산소를 만들고 도시의 나쁜 공기가 건물 안으로 들어오는 걸 막아 줘. 또 바깥의 소음을 막고 건물을 시원하게 해 주지.

나무는 바람에 날아가거나 줄기가 부러지지 않도록 안전하게 고정되어 있어.

하늘까지 쭉쭉, 오늘날의 고층 건물

최초의 마천루가 지어진 이후 오랜 시간이 흘렀어. 그동안 많은 게 달라졌지. 첫 번째로 고층 건물이 지어지는 장소야. 한동안 세계에서 가장 높은 건물들은 주로 북아메리카에 있었어. 지금은 그렇지 않아.

오늘날에는 세계 최고 높이를 자랑하는 건물들이 아시아와 중동에 있어. 사람이 많고 넓은 땅이 있기 때문이야. 물론 높은 건물을 지을 만한 돈도 있어.

중국 상하이의 스카이라인은 멋진 야경으로 유명해서 관광객들이 많이 찾아와.

미국 뉴욕의 크라이슬러 빌딩
(약 319미터)은 벽돌로 지어진
건물 중 세계에서 가장 높아.

말레이시아 쿠알라룸푸르의
페트로나스 트윈 타워
(각 약 452미터)

미국 뉴욕의 원 월드
트레이드 센터(약 541.3미터)

또 하나의 변화는 고층 건물의 높이야. 예전에 비해 건물을 훨씬 높게 지을 수 있게 됐지.

사람들에게 높이에 대한 새로운 인상을 준 건물 중 하나는 뉴욕의 크라이슬러 빌딩이야. 1930년에 지어졌을 때 '세계에서 가장 높은 건물'이라는 기록을 세웠지. 세계 최초의 '슈퍼 초고층' 건물이기도 해. 세계초고층도시건축학회(CTBUH)에서는 높이가 150미터가 넘는 고층 건물을 초고층 건물, 300미터가 넘는 건물을 슈퍼 초고층 건물로 분류해. 2024년 기준 슈퍼 초고층 건물은 전 세계에 230개가 넘어.

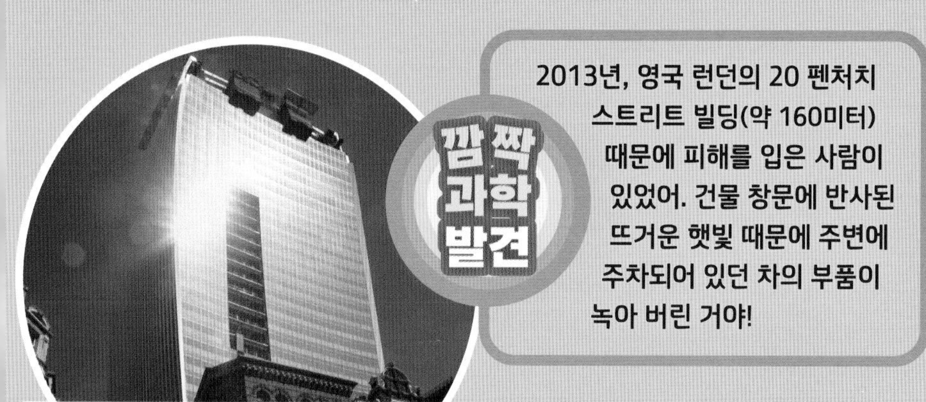

깜짝 과학 발견

2013년, 영국 런던의 20 펜처치 스트리트 빌딩(약 160미터) 때문에 피해를 입은 사람이 있었어. 건물 창문에 반사된 뜨거운 햇빛 때문에 주변에 주차되어 있던 차의 부품이 녹아 버린 거야!

20 펜처치 스트리트 빌딩은 건물 유리창이 강한 햇빛을 반사해서 사람들에게 피해를 주었어. 그 바람에 영국에서 최악의 건물에 주는 상인 카벙클 컵을 받았지.

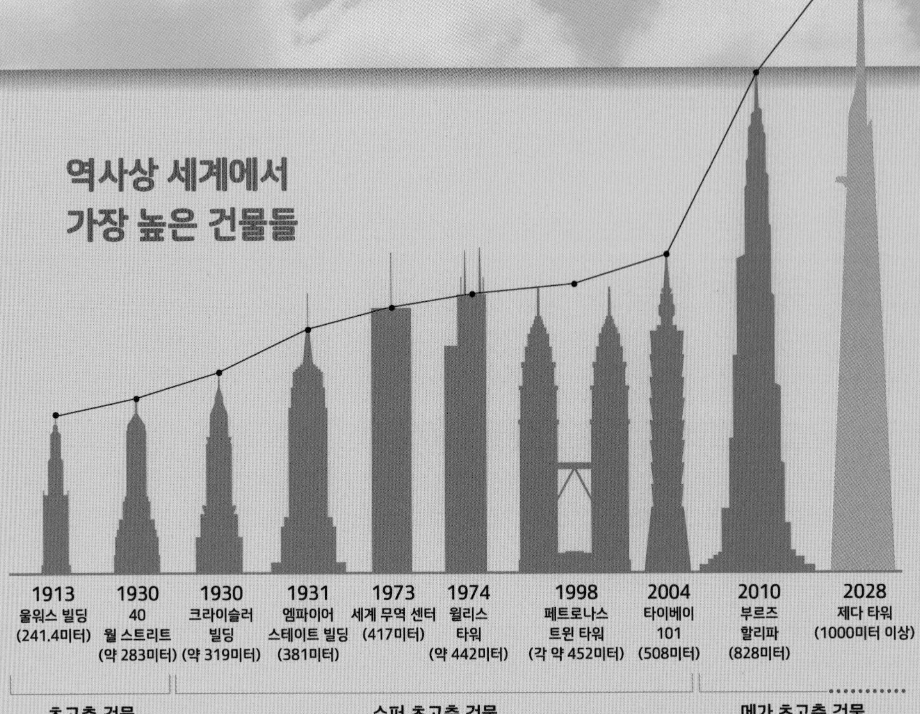

하지만 이제는 슈퍼 초고층 건물도 높지 않아.
사람들이 '메가 초고층' 건물을 짓기 시작했거든.
높이가 600미터가 넘는 메가 초고층 건물은 지금도
하늘을 향해 올라가고 있어.
2024년 기준, 전 세계에는 4개의 메가 초고층 건물이
있어. 하지만 조금만 기다려! 사우디아라비아 제다에
짓고 있는 제다 타워가 2028년에 완성될 예정이거든.
예상 높이가 1000미터도 넘지. 이제는 하늘까지
올라가는 데도 한계가 없는 거야.

제다 타워는 2024년에
완성될 예정이었지만
중간에 건설을 잠시
멈추었어. 다 지어지면
이런 모습일 거야.

도전! 마천루 박사

어때? 고층 건물에 대해 많이 알게 된 것 같아? 아래 퀴즈를 풀면서 확인해 봐! 정답은 45쪽 아래에 있어.

1

'마천루'라는 말을 처음 쓰기 시작한 해는?
A. 1607년
B. 1885년
C. 1903년
D. 1972년

2

고층 건물을 지을 수 있게 만든 두 가지 발명은 무엇일까?
A. 불과 바람
B. 모래와 자갈
C. 철강 뼈대와 엘리베이터
D. 콘크리트와 유리

3

다음 중 빈칸에 들어갈 알맞은 말은?
________은(는) 건물을 지지하는 틀을 말해.
A. 커튼월
B. 층
C. 스카이라인
D. 뼈대

4

다음 중 현재 세계에서 가장 높은 고층 건물은?

A. 엠파이어 스테이트 빌딩
B. 홈 인슈어런스 빌딩
C. 부르즈 할리파
D. 타이베이 101

5

세계 최초로 고층 건물이 세워진 도시는 어디일까?

A. 미국 시카고
B. 미국 뉴욕
C. 중국 상하이
D. 아랍에미리트 두바이

6

높이 300미터 이상인 건물을 뭐라고 부를까?

A. 슈퍼 초고층 건물
B. 메가 초고층 건물
C. 친환경 건물
D. 고층 건물

7

현재 세계에서 가장 많은 고층 건물이 있는 대륙은 어디일까?

A. 북아메리카와 남아메리카
B. 유럽과 아시아
C. 오스트레일리아와 아프리카
D. 아시아와 중동

정답: ① B, ② C, ③ D, ④ C, ⑤ A, ⑥ A, ⑦ D

꼭 알아야 할 과학 용어

수축: 부피나 상태가
오그라들면서 줄어듦.

금융: 개인, 회사, 국가 등이 서로
빌리거나 빌려주면서 돈이 오고 가는 것.

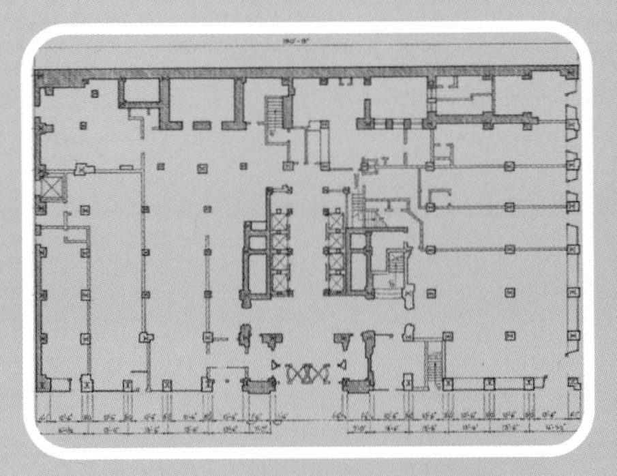

설계: 건물을 짓기 위해 계획을 세우고,
도면으로 만들어 보여 주는 일.

마천루: 아주 높은 고층 건물.

외벽: 건물의 바깥쪽을 둘러싸고
있는 벽.

커튼월: 유리나 가벼운 재료로 만든 건물 외벽의 형태.

팽창: 부피나 상태가 부풀어 원래보다 커짐.

뼈대: 사람의 몸이나 건물 등의 구조를 지지하는 전체적인 틀.

스카이라인: 건물이나 산의 꼭대기와 하늘이 맞닿아 이루는 선.

기술: 과학 지식을 이용하여 우리 생활에 필요한 제품을 만드는 방법.

터빈: 물이나 공기, 증기 같은 자연의 힘을 받아서 돌아가며 전기를 만드는 기계.

찾아보기